未来能源
让世界动起来

探索月球
神秘而强大

神奇地球
蔚蓝的家园

神秘机器人
人工智能和超级好帮手

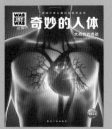
奇妙的人体
大自然的奇迹

深海之谜
生机勃勃的黑暗国度

太空之旅
深入宇宙的探洞

走进热带雨林
地球的绿色宝库

宇宙中的星体
打开探索宇宙的大门

伟大的发明
天才与灵感的杰作

神奇的火车
迫赶饱满进向未来

沙漠之旅
驼队、绿洲和无尽的远方

显微镜探秘
肉眼看不见的微小世界

野生动物
从来驯服的野性

奇趣萌宠
人类的好朋友

鸟类不简单
天空中的杂技演员

神秘的古埃及
尼罗河畔的金色帝国

印第安人
北美原住民

伟大的探险家
跟随他们的脚步，探索全世界

未来世界
一切都在变化之中

蛇的故事
拥有敏锐感官的猎手

考古探秘
发掘历史的宝藏

马的生活
人类忠实的伙伴

舞蹈的魅力
含拍起舞

生物质资源
植物动力引领未来

石器时代
火的控制与使用

第一辑·全10册
第二辑·全10册
第三辑·全10册
第四辑·全10册
第五辑·全10册
第六辑·全10册
第七辑·全8册

WAS
IST
WAS

学习源自好奇 科学改变

U0332663

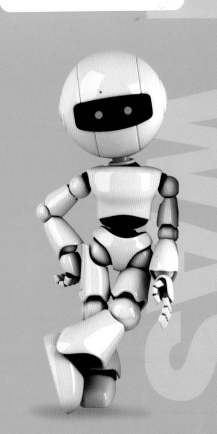

方便区分出
不同的主题!

真相大搜查

6 你知道煤其实是千百万年前的植物残骸吗？地球上还有哪些化石能源呢？

13 什么是生物质资源？它们的用途是什么？来了解一下吧！

4 让世界动起来

**符号▶代表内容
特别有趣！**

16 来自植物的能源

17 玉米不仅可以作为食物出现在我们的餐桌上，它的秸秆发酵产生的沼气还可以用来发电。

植物和赛车——它们是如何联系起来的呢？来了解一下背后的秘密吧！

42

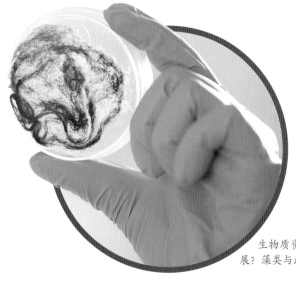

44
生物质资源未来将会如何发展？藻类与此又有什么联系？

重要名词解释！

绿色激发创意

研究所的长廊看起来和学校的长廊并没有太大的区别。长廊上有许多扇门，门后是实验室。在实验室里，小塑料碗叠放在架子上，贴着手写标签的瓶子紧紧挨着立在一起。安妮·兰普穿着白色的实验服，戴着防护眼镜，即使她并不处理危险化学品，这也是必要的。安妮·兰普研究的主题是如何利用可再生的生物质资源代替煤或石油等不可再生资源。这对保护我们的生态环境具有重要意义。早在大学本科期间，安妮就对这个想法充满热情。她希望通过自己的工作为实现这一目标做出贡献。

残渣也有价值

安妮从冰箱里拿出一个瓶子，将里面的黄色液体倒入一个小量杯中。它看起来就像奶油浓汤一样，似乎真的很好吃。但这仅仅是骗人的表象，这种黄色液体实际上是工厂以玉米为原料生产淀粉后剩余的废料。玉米中的淀粉含量一般为 60%～70%。迄今为止，工业界都认为，从玉米粒中提取淀粉是获取最大收益的途径，而剩下的玉米残渣几乎没有价值，最多也只能用来作为动物饲料。但安妮则有不同的看法，她留意到存在于玉米残渣中的植物蛋白，并想进一步对它们加以开发利用。

姓　名：安妮·兰普
职　业：工艺流程工程师
年　龄：29岁

摇一摇！

首先，安妮必须把植物蛋白从液态的玉米残渣中分离出来。为此，她将残渣装入小瓶中进行水浴加热，然后夹紧小瓶，将其装进振动器中。振动器会来回摇动液体，从而实现玉米残渣与植物蛋白的分离。最终，一层颜色如同蜂蜜一般，几近透明的液体上浮在顶部，这部分液体会与一些添加物进行混合。这些添加物的具体配方是个秘密，安妮不能透露。

玉米

植物蛋白制成的塑料

安妮·兰普正在汉堡工业大学进行能源与环境技术方面的研究。据她的博士论文所述，她已经利用植物蛋白研制出了肉类替代品。而现在，她的新目标是研发一种塑料薄膜，这种薄膜由植物蛋白制成，在进入环境后，也能像植物一样腐烂。

漫漫长路

安妮需要进行一系列的实验，从而测试材料的表现。为此，她把像蜂蜜般的淡黄色混合物薄薄地涂抹在有机玻璃板上，并让它干燥。然后，安妮小心地从有机玻璃板上取下干燥后的薄膜，并将其置于光线下。薄膜呈淡黄色、玻璃状，但边缘有一点裂纹，这还不是完美的结果，那就再来一次吧！要找到能投入大规模工业化生产的原材料，她还需要继续努力。此外，如果将来这种薄膜要大规模生产，还必须购买相应的机器，这需要花费数百万欧元。幸运的是，一家大型邮购公司和一家生产胶带的公司已经表示对安妮研发的薄膜感兴趣。

解决垃圾问题

目前我们所使用的塑料大多是以石油产品为原料制成的。而这些石油基塑料带来的垃圾问题是安妮进行植物蛋白薄膜研究的主要驱动力。她说："我认为，我们把历经几百万年甚至更久的时间才形成的石油从地下开采出来，制作成塑料包装，使用时间可能仅仅只有几分钟，这真是太疯狂了。最重要的是，塑料包装很容易进入环境，比方说，它可能会从垃圾桶里飘出来。"安妮一边说着，一边摇头，然后突然跳了起来，"我差点忘了最重要的事情！"她大喊一声，然后冲向窗台，白色实验服飘了起来。

不断地尝试

安妮每周都会完成两到三组实验，以制造出她理想中的植物蛋白薄膜。 **1** 蛋白质在什么温度下溶解最佳？ **2** 混合物可以在玻璃板上涂多薄？ **3** 薄膜什么时候变黏，什么时候变脆撕裂？所有这些内容都被仔细地记录下来。

3

植物蛋白制成的
塑料薄膜

窗台上有两个透明玻璃箱，里面装满了土壤和草屑。安妮把最上层的草屑拿开，在右边看见了黄色的小碎片——这是安妮制作的玉米蛋白塑料薄膜的残留物。左边则是一大片常见的石油基塑料，上面印刷的"肥料袋"字样仍然清晰可见。"两周前，这两片塑料的大小还是相同的！"安妮解释道。玻璃箱中的堆肥实验向我们表明，由玉米蛋白制成的塑料薄膜比其他类型的塑料分解得更快。这位年轻的研究者显然为此感到自豪。

一切都无影无踪？

与市场上其他类型的塑料相比，这种植物蛋白塑料薄膜的降解情况如何呢？安妮·兰普借助玻璃箱中的堆肥实验来进行测试。

化石能源

你之前一定听说过化石能源，但它实际上指的是什么呢？化石能源通常包括天然气、石油和煤等。它们都贮藏在地球内部，由古代生物的化石沉积而来。这些古代生物生活的时代距离我们现在非常遥远——早于人类在地球上定居的时间，甚至比恐龙时代还要早！这些化石能源可以加工成各种能源产品，如电力、煤气、汽油等。

化石能源可以用来做什么？

化石能源是全球消耗的最主要的能源。我们可以通过烧煤来取暖，利用天然气做饭，用石油生产汽油或柴油来驱动发动机。很多人不知道的是，石油除了可以用来生产燃油外，也可以用来生产我们身边的许多日用品。从塑料、橡胶到油漆、肥料，再到清洁剂、服装，甚至药品，石油的应用领域十分广泛。20 世纪初，一个完整的工业分支诞生了，即所谓的石油化学工业，简称"石油化工"。

隐藏的宝藏

化石能源通常埋藏在地下很深的地方，我们必须花费巨大的代价才能把它们开采出来。当煤层离地表很近时，我们可以采用露天开采的方式来采煤。然而，大部分煤层都在远离地表的地下，无法露天开采，此时则需要向地下开掘巷道来采煤。在开采石油和天然气时，人们也经常要深入地下钻探。地球上化石能源的储量很大，但并不是无穷无尽的。终有一天，它们也会被完全耗尽。

露天煤矿

煤仍然是当今世界上使用的主要能源之一。火力发电厂通过烧煤来发电。然而，在此之前，人们必须付出很大的努力才能把煤从煤矿里开采出来。

人们建造了海上采油平台，用以开采海底石油。

石油的形成

　　石油的形成方式与煤的形成方式有些类似，只是石油是在湖底或海底形成的。生物遗骸沉入海底，然后在高温高压等外界因素作用下，这些有机质便被转化为石油，蕴藏于海底。此外，我们在陆地上也能开采石油，这是因为这些地方在数千万乃至数亿年前也是一片汪洋。在把石油开采出来之后，我们会通过长长的管道，将其输送到目的地。

煤是如何形成的？

　　想象一下：一片原始的沼泽丛林，里面生长着巨大的树木、蕨类植物，其中甚至有高达 15 米的木贼——这就是 3 亿多年前石炭纪时期的景象，空前繁盛的植物为煤的形成提供了有利的条件。那时地壳运动十分活跃：这里层峦叠嶂，那里却是低凹洼地；海岸线时而前进，时而后退。

泥 炭

1 死去的植物沉入沼泽底部，在那里，由于缺乏氧气，它们无法被完全分解。这些植物的残骸首先形成了泥炭。

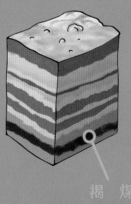

褐 煤

2 随着时间的推移，植物的残骸一层层堆积，淤泥和沙石也逐渐堆积在泥炭层上。在挤压之下，泥炭层的温度和受到的压力越升越高。在这样的条件下，泥炭层中的水分被挤出，泥炭就慢慢变成了褐煤。

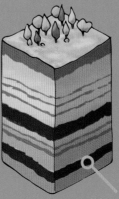

烟煤和无烟煤

3 在漫长的时间里，这个过程会重复多次。地壳继续下沉，褐煤层被埋得越来越深，温度和压力也一直攀升，最终褐煤会变成烟煤和无烟煤。

永恒的碳循环

人类对化石能源的利用已有悠久的历史，特别是在最近的 200 年中，煤炭和石油的消耗量增长迅速。但正如我们今天所知，化石能源的消耗意味着高昂的环境成本，因为人类在此过程中扰乱了自然界的碳循环。历经数百万年的时间，地球上已经形成了一种相对稳定的动态平衡状态，一旦这种状态被打破，就会给环境带来恶劣的影响。

生命元素

碳是一种特殊的元素，所有生命的细胞构成都少不了碳元素。比方说，人体的含碳量为 18%。在我们呼吸的空气中也含有碳元素，然而，几乎只有植物能将空气中的碳转化为生长所需的营养物质。在这一过程中，它们会消耗二氧化碳，同时产生我们赖以生存的氧气。人们把植物的这一本领称为光合作用。

由于绝大部分动植物都吸入氧气，呼出二氧化碳，因此动物、植物和空气之间会不断地进行碳循环。另外，碳也存在于海洋、土壤和地表下方的岩石中。那里也有碳循环过程，只是进行的速度慢得多。人类活动对两者都会产生影响。

阳光

二氧化碳

氧气

糖类

水　　水

3

光合作用的机制

绿色植物从空气中吸收二氧化碳，并从土壤中吸收水分。在阳光的作用下，植物将二氧化碳和水等无机物转化为糖类等有机物。植物将一部分糖用于生长，另一部分则作为能量储存在细胞中。同时，植物也会释放氧气。

1

在空气中，碳（C）会与氧（O）结合在一起，以二氧化碳气体（CO_2）的形式存在。

2

光合作用是碳的生物循环中的关键过程。光合作用让碳以碳水化合物的形式储存在植物细胞中。当植物腐烂后，碳就会被释放出来，并重新与地球大气中的氧结合，形成二氧化碳。

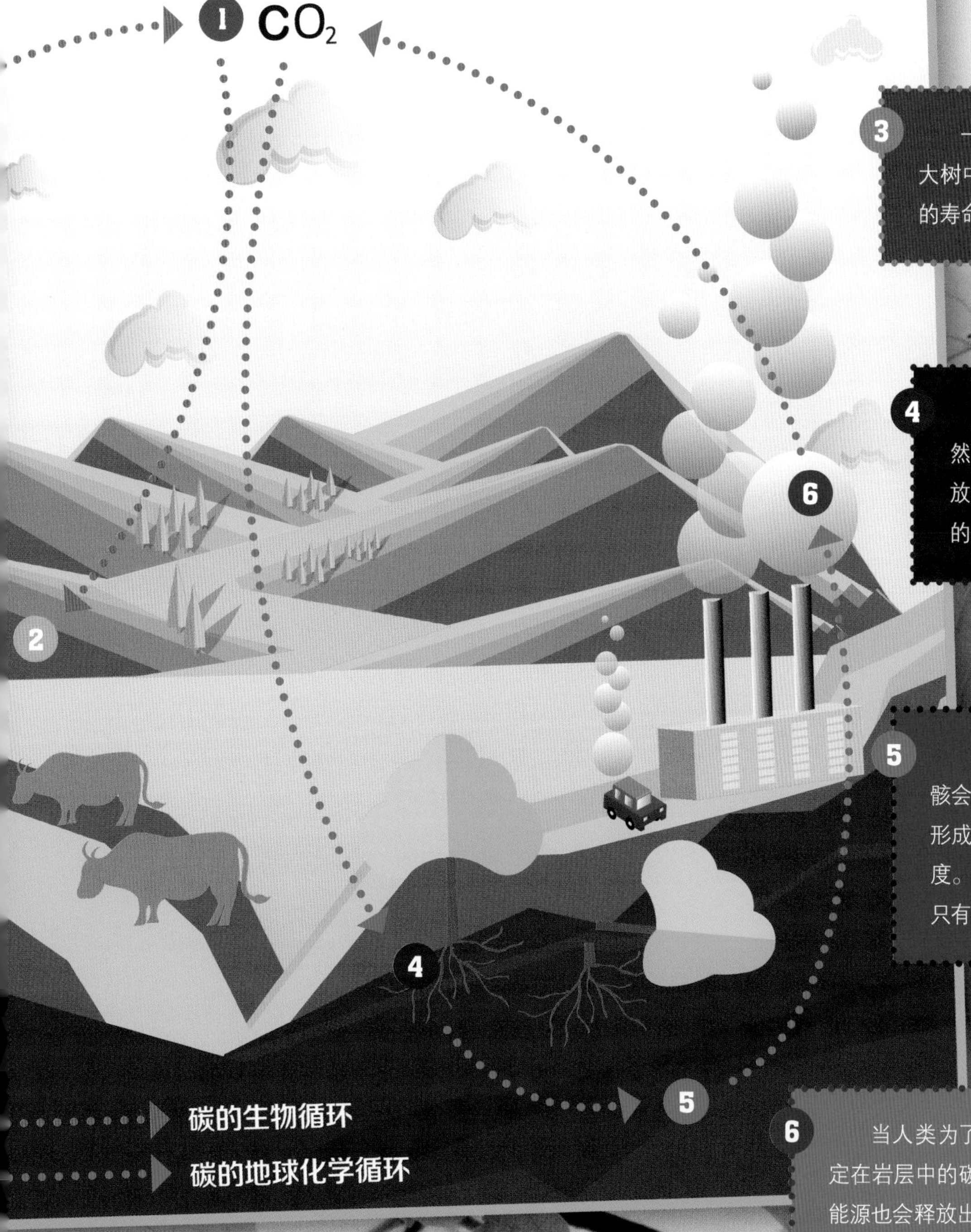

3

一些碳的循环时间会更长，例如在大树中储存的碳。因为大树比小型植物的寿命更长，固定碳的时间会更久。

4

在森林的土壤中也储存着大量的碳。然而，当人们砍伐森林用于耕种时，所排放的碳的数量就会超过自然循环所能承受的碳排放量。

5

碳也会到达地底深处：生物死去后，其遗骸会以沉积物的形式深入地下，最后进入岩层，形成煤或石油。这一过程会跨越很长的时间尺度。这些固定在岩层中的碳在自然状态下通常只有在火山爆发时才会被释放出来。

6

当人类为了制造水泥而高温煅烧石灰石时，固定在岩层中的碳就会被释放出来，开采和燃烧化石能源也会释放出碳。

1 CO_2

碳的生物循环

碳的地球化学循环

化石能源会带来什么问题？

海洋石油污染

当一艘油轮沉没或海上钻井平台管道破裂时，石油就会泄漏出来，并流入海洋，而生活在那里的海洋动物会因此痛苦地死去。开采海底石油时，石油也会通过钻孔和管道的裂缝进入大海。

数亿年前的植物把太阳能储存在自己的细胞中，现在，我们以煤和石油的形式使用这些能量，这几乎是一个奇迹。然而，这也会带来许多问题。化石能源燃烧时会产生大量的二氧化碳（CO_2），它会导致气候变暖。同时，化石能源在燃烧过程中还会产生氮氧化物，它会污染地下水并破坏土壤养分循环。此外，化石能源的燃烧往往还伴随着细颗粒物的排放，它会污染空气，并危害我们的肺部健康。尽管我们正努力尝试解决这些问题，例如研究汽车尾气净化的相关技术措施，但是，早在开采化石能源时，环境就已经遭到了破坏。

堆满塑料垃圾的世界

另一个问题是由石油化工产品带来的垃圾问题，尤其是塑料垃圾。迄今为止，全球至少已经利用石油生产了83亿吨塑料。其中一小部分塑料会被回收或焚烧，而大多数则会被丢弃在合法或非法的垃圾场中，而且最终往往流入大海。世界上最大的"垃圾场"位于太平洋上，美国的加利福尼亚州和夏威夷州之间，其面积相当于德国的四倍，被称为"第八大陆"。在这片一望无际的垃圾带中，汇集了来自世界各地的塑料垃圾。有时，海洋动物会误食这些塑料垃圾，并因此而死亡。历经多年，在阳光、海

在许多地方，海洋中的塑料会被冲到海滩上。如果我们不清除这些垃圾，美丽的海滩就将变为垃圾场。

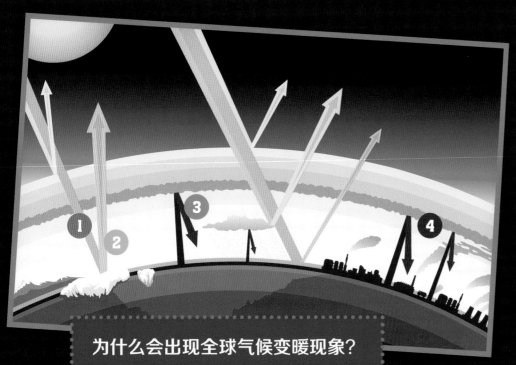

① 太阳光线以短波辐射的形式穿越大气中的大气保温气体，最终到达地球表面。

② 在这里，一部分太阳光线被地球吸收，其余部分以长波辐射的形式被反射回去。

③ 现在，长波辐射无法再完全穿透大气保温气体，而是再次被反射回到地球，地球表面的温度上升。这是自然的大气保温效应。

④ 由于人类的工业生产、汽车尾气排放、畜牧业生产，以及燃烧化石能源，大气中的大气保温气体含量增加，使得能够逸出大气层的热辐射减少，进而导致气候失去平衡。

为什么会出现全球气候变暖现象？

二氧化碳、甲烷等大气保温气体自然存在于地球的大气中，它们能让太阳短波辐射透入大气底层，并阻止地面和低层大气长波辐射逸出大气层，从而使地面附近大气温度保持较高水平。但现在的问题是，人类活动大量排放大气保温气体，加剧了这种效应，造成全球气候变暖。

不可思议！

如果没有大气保温效应，地球上就会变得太冷而不宜生存了。因为这样一来，地表平均温度将变为 −18℃，而不是现在的 15℃。

浪和盐分的作用下，塑料被分解成越来越小的碎片。如果这些塑料碎片直径小于 5 毫米，则被称为微塑料。这些微塑料颗粒是否会回到我们的餐桌上，危害我们的健康，目前还没有定论。

灾难性的气候变化

自从人类在大约 200 年前开始使用化石能源，进而干预碳循环，地球上的平均温度就一直在攀升。科学家们把这称作人为的气候变化。他们发出警告：如果不控制全球变暖趋势，我们将会面临洪水、干旱和风暴等灾难性后果。全球变暖不仅会破坏自然生态系统的平衡，更会威胁人类的食物供应和居住环境。为遏制这一趋势，我们必须大幅减少二氧化碳等大气保温气体的排放。但这很困难，因为地球人口在不断地增长，能源消耗也在不停地增加。

采煤带来的影响

在开采煤矿时，挖掘的矿坑和巷道会给地面上的城市带来永久性风险。露天煤矿也会破坏自然环境。露天开采时，人们搬离村庄、砍掉森林。由于改变了采矿区的地形、地貌，地下水位也会下降。

什么是 生物质资源？

某些植物不仅可以作为生产各种产品的基础材料，还可以用来生产生物燃料，甚至能够部分替代化石能源，因此我们把这些植物叫作能源植物，也叫作生物质资源。这其实并不奇怪，因为化石能源就是由史前时代死去的生物演变而成的！能源植物的优势在于：煤和石油需要从地下开采出来，并且难以回收利用；但能源植物不一样，它们可以快速地重新生长。通常情况下，同一种植物既可以用作人类食物或动物饲料，也可以用来提供能源。根据不同的种植目的，我们可以用各种不同的术语称呼同一种植物。

哪些植物符合要求？

用作能源生产的植物需要具有生长迅速、种植容易的特征，最好无须特殊的养护投入。而用作工业生产原材料的植物则有所不同，它们需要具有某些特性，使其适合进一步加工。例如，麻类植物具有强度高的特性，因而我们可以利用麻纤维制成麻布或麻绳。当然，有些植物对能源生产和工业加工都有较高的利用价值，但最后还要取决于这种植物生长适合的气候带。例如，在德国所在的纬度地区，玉米和油菜是高产的能源植物；而在热带国家则是甘蔗和油棕，这两种植物在德国根本就无法茁壮成长。

玉米

也许你是从自己的餐盘里来认识玉米的。玉米是一种很受欢迎的食物，也是重要的动物饲料，同时还是一种用途广泛的生物质资源。玉米可以用来发电、生产乙醇汽油，还能用来制造生物降解塑料。

不可思议！

如今，德国的清洁电能很大一部分来自生物能源，即植物和生物废品等。它们产生的电能比风能和太阳能发电的总和还要多。

能源植物能替代石油和煤炭吗?

这个问题的答案是：只能部分替代。因为我们的能源消耗量是巨大的，而能源植物的种植面积是有限的。能源短缺和粮食短缺都是目前人类正面临的困境。能源植物为人类带来了替代能源的希望，同时也带来了与粮食作物争抢耕地的负面效应。如何满足这两者的耕地需要，是人类亟待解决的问题。

走入正轨

迄今为止，能源植物所生产的能源仅占德国总能源消耗量的 7%。这个比重必须增加 10 倍以上，生物能源才能完全取代化石能源。这还没有考虑到作为工业生产原料的植物需求。德国的耕地面积根本无法满足这些需求。尽管如此，在应对气候变化方面，能源植物确实做出了重要的贡献。因为它让人们减少了对岩石圈和大气圈之间碳循环的干预和破坏，取而代之的是，人们能更多地利用生物圈和大气圈之间的碳循环。在这一循环中，碳平衡的恢复速度更快。

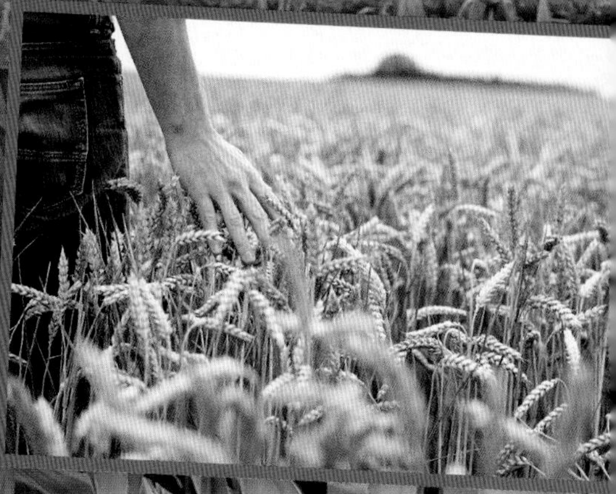

小麦

小麦也是生物质资源之一。但前提是它的种植目的不是用作食物或饲料，而是用于做替代燃料等。

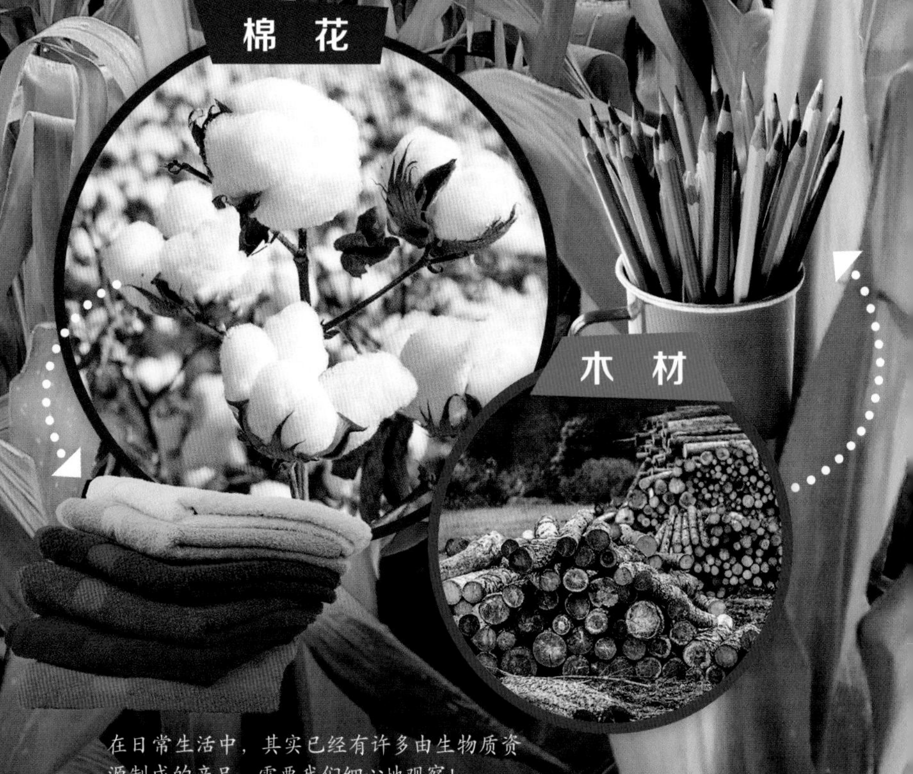

棉花

木材

在日常生活中，其实已经有许多由生物质资源制成的产品，需要我们细心地观察！

生物质资源——一种新发明?

对生物质资源的利用并不是近几年才有的事，我们的老祖宗早已发现它们的价值，因为他们除了利用大自然外，几乎别无选择。他们没有天然气，只有柴火；没有塑料袋，只有柳条筐……人类是富有创造力的，我们的老祖宗已经能够运用各种工艺对自然界中发现的原材料进行加工。

中世纪：在砍伐木材的道路上

木材是人类最早加以开发利用的资源之一，但人类有意识地植树造林却是距今没多久的事情。特别是在中世纪时期，大片大片的森林都被砍伐一空。人类砍伐树木用以建造房屋和船只，也用于烹饪和取暖，还会把木材加工成木炭，用来打铁和制作玻璃。直至人们发现日常生活所需的柴火变得稀缺时，他们才开始有意识地植树造林，并学会有计划地使用木材。

石器时代的万能胶：桦树沥青

早在石器时代，尼安德特人就已经会用桦树皮制作人造胶水了。然而，这非常费力：桦树皮要在没有空气的情况下加热，并在没有明火的情况下焦化，直到逐渐产生沥青。这种黏稠的黑棕色物质具有不可估量的价值：它既可以用来黏合破碎的陶器，也可以用来把尖石牢固地粘在木棍上制成箭。此外，桦树沥青也可用于密封船板。

冰人奥茨

冰人奥茨于5000多年前在阿尔卑斯山去世，并在1991年被登山者发现。在他随身携带的物品中，有用桦树沥青制作的箭。

木质纤维：人造丝

我们的衣服大多由羊毛、棉花或其他天然纤维制成。然而，这些天然纤维大多都非常粗糙——除了蚕丝。但蚕丝的生产过程十分繁复，所以非常昂贵。后来，市场上出现了一种可以与蚕丝竞争的人造纤维：黏胶纤维。它以木材中的纤维素为基础，经化学加工处理后，产生一种高分子浓溶液，再通过喷丝孔加工，制成闪亮的丝线，光滑如蚕丝一般。

早期合成塑料：赛璐珞

第一种投入到商业生产的合成塑料是由美国发明家海厄特在 19 世纪发明的赛璐珞，它由经过化学处理的樟脑和胶棉加工制成。赛璐珞又叫硝酸纤维素塑料，由于硝化的作用，这种合成塑料十分易燃。赛璐珞的用途十分多样，除了用来做台球、梳子、眼镜架、洋娃娃等，还可以用来做乒乓球。

约翰·韦斯利·海厄特
1837 — 1920

赛璐珞之父

源自树木的天然橡胶

玛雅人把橡胶树称为"流泪的树"。他们划开橡胶树的树皮，接住流出来的乳白色汁液，这些汁液就是天然胶乳。然后，他们用胶乳制造出能弹跳的弹力球。后来，橡胶的用途更为广泛：16 世纪时，墨西哥人用橡胶树汁液浸湿衣服，使其具备防水的性能。

海厄特先生，您好！我想问一下，奖金是您进行发明创造的动力之一吗？

是的，一家台球制造商在 1863 年设立了 10000 美元的奖励，目的在于寻求一种比象牙更便宜的材料，用以制作台球。

那您是怎么想到硝酸纤维素的呢？

我在一家印刷厂当过学徒，在那里，我们会使用硝酸纤维素。它在干燥后会留下一层坚固、光滑的薄膜。所以我觉得，我们利用硝酸纤维素肯定能有所作为。

但赛璐珞也有它的缺点，对吧？

是的，赛璐珞相当易燃。当用赛璐珞制作的台球相互碰撞时，有时会导致微小的爆炸并发出"噼啪"的响声。一位小酒馆的老板曾跟我说，他不介意这种噪声，但他的客人则经常受到惊吓，甚至因此拔出手枪。

橡胶球

那之后发生了什么呢？

多亏有了赛璐珞，照片也学会了"走路"！虽然那不是我的发明，但这种材料得到了进一步的发展，早期电影胶片就是用赛璐珞制成的。赛璐珞确实是很棒的材料，但可惜极易燃烧，一些电影院也因此被烧毁……不久后，赛璐珞就被更廉价的石油基塑料取代了。

植物提供动力

近年来，可再生能源的发展势头十分强劲。与煤炭、石油等化石能源不同，可再生能源来自能被人反复利用，且有不断再生能力的各种自然资源，如风能、太阳能、生物质能。

按需供能

生物质能发电有其独特的优势。风力发电和太阳能发电都会面临发电不稳定的问题，因为在自然条件下，有时风大，有时风小；有时阳光明媚，有时不见日光。因此，电网经常会出现欠载或过载的情况。而生物质能发电可以根据需要进行生产和储存，保障电力稳定供应。生物质能发电甚至还能帮助处理一些城市湿垃圾，如瓜皮果核、剩菜剩饭等。然而，大多数情况下，人们会专门种植某些植物用来发电，这些植物被称为能源植物。

热能和电能

通过植物产生能量的方式多种多样。例如，木材燃烧后能直接提供热能，而玉米则需在气密装置中发酵产生沼气，然后借助沼气产生电能和热能。

从农田到燃料箱

然而，这还不是全部，植物还可以用来生产汽车的燃料。使用含有大量淀粉或糖分的植物，让它们在酵母的作用下发酵，进而可以生成燃料乙醇。燃料乙醇可以单独使用，或与汽油混合成乙醇汽油，作为汽车的燃料。通常我们会用玉米、甜菜或甘蔗作为生产燃料乙醇的原料。

另一种选择是利用植物生产生物柴油，我们首先从植物中提取油脂，然后在大型炼油厂中通过化学处理把它们转化为燃料。在德国，油菜是最适合种植的油料作物，而在热带国家则属油棕、大豆或麻风树为佳。

黑 麦

黑麦不易染病，即使在贫瘠的土壤里也能生长，甚至可以在冬天种植。但是，很多人认为，利用粮食作物来生产生物燃料是一种错误的做法。

▶ 你知道吗？

在 2018 年，德国能源植物的种植面积为 217 万公顷，这相当于 300 多万个足球场的面积，占据 14% 的农业用地。

油菜籽

如果要用油菜籽生产 1 升生物柴油，那么我们需要约 5.5 平方米的土地来种植油菜。所以，如果要为一辆中型汽车加满生物柴油，所需的油菜的种植面积比一个网球场还大。

沼气发电厂

生物能源村

建造生物能源村的想法来自丽娜的祖父。现在，沼气发电厂的发电量已经超过了村民自己的用电量。

玉 米

在沼气发电厂中，玉米的能量产出是黑麦的两倍多。如果玉米是专为产能而种植的，那么我们称之为能源玉米。

生物能源和生物质

▶ 生物能源是指生物直接或间接提供的各种能源或动力。

▶ 我们把树木、农作物、草、粪便和微生物等有机物质总称为生物质。

▶ 可以用来生产生物能源的可不仅有植物，动物粪便和食物残渣也可以用来生产生物能源，例如我们可以用牛粪制造沼气来发电。

粪 便

食物残渣

草 屑

"我住在一个生物能源村！"

丽娜·克林恩今年11岁，她生活在德国下萨克森州一个叫"雅舍"的生物能源村里。现在，德国已经有160多个生物能源村。

是什么让你们的村子成为生物能源村？

在我们这里，所有的电能和大部分热能都来自生物能源。可以说，这是一种"可以种出来的能源"——它是由植物等有机物质生产出来的。

你们是如何做到这一点的？

我们有一个沼气发电厂，它属于村子里的所有人。农民负责供应玉米、草和粪便用于制造沼气。沼气燃烧可以发电。燃烧产生的热量还能对水进行加热，热水会通过管道输送到各家各户。有些人家的屋顶上还安装了太阳能电池板。此外，村子里还有一个中央锅炉，当天气很冷、余热不足时，我们可以在这里燃烧木屑。在我们这儿，已经没有人再用燃油供暖系统了。

你们的日常生活和其他地方有什么不同？

其实也没什么不同，来自其他村庄的朋友们根本察觉不到任何区别。和其他地方一样，我们也是把电器的插头插进插座就能正常使用。只是我们完全不依赖大型发电厂，因为我们自己在村子里就能用生物能源发电。此外，我们尽量不使用石油产品，通过这种方式保护环境。这种感觉真棒！

沼气发电的工作原理是什么？

在德国农村，绿色屋顶的圆形建筑越来越常见，这就是沼气池。沼气池利用植物、食物残渣或粪便等发酵来生产沼气。然后沼气发电厂以沼气作为燃料驱动沼气发电机组发电，与此同时，发电机组还会产生热能，这便是"热电联产"。经过净化和加工处理后，沼气也可以进入天然气管网，然后被输送到各家各户，这样人们就可以用它来做饭和取暖了。

简单的原理

沼气是有机物质在与空气隔绝的条件下，经自然分解而产生的。我们把这些有机物质称为发酵基质。微生物会分解发酵基质的各种成分，并在此过程中产生可燃性气体甲烷。从某种角度来说，沼气产生的过程和我们消化食物的过程有些类似——我们肠道中的微生物分解食物中的营养物质时，也会产生一些气体。

2 粪 便

除了玉米外，我们还会添加各种其他的有机物，最常见的就是猪或牛的粪便。如果沼气池就在养殖场附近，那么就可以很轻易地从养殖场获得这些动物粪便。

1 玉 米

玉米是生产沼气使用最广泛的原料。为了全年都能有用来作为发酵基质的玉米，人们会在玉米收获的季节把整个玉米植株收割下来，切碎，装填进青贮窖中压实，密封保存。

不可思议！

仅仅两头奶牛的粪便就足以持续产生沼气，从而满足家庭做饭、取暖所需。农民甚至可以自行建造小型沼气池，用自家牛圈中的牛粪发酵生产沼气。

3 进料斗

发酵基质通过进料斗和地下管道进入沼气池中。与蛋糕食谱一样，正确的配料组合至关重要。我们通常会添加一些其他物质，以便发酵能更好地进行。

4 沼气池

在沼气池中，加热器将温度保持在 35 ~ 38℃之间，搅拌器保证了发酵基质能充分混合，而橡胶制成的储气罩则将整个沼气池密封起来。沼气主要聚集在储气罩下面——产生的沼气越多，储气罩膨胀得就越厉害。为了充分利用发酵基质中的所有物质，发酵后的基质会被泵入二次发酵室，然后再原路返回。大约在 60 天后，这一过程完成，沼气最后会被输送到沼气发电厂。

二次发酵室

添加物筒仓

住房

5 发酵残渣储存罐

残余的发酵基质最后会被送入一个储存罐，因为这些残渣中仍然含有植物生长所需的营养物质！作为一种优质肥料，它会被撒到田间，给作物施肥，而且它的臭味也比液粪要小。

变电站

沼气火炬

遇到产气量过大或设备检修等情况时，沼气火炬能将多余的沼气进行燃烧处理，以保障安全。

7 热量转换站

发电厂发电时，也会产生热量。这些热量可以用于给附近的住房、养殖场或沼气池供暖。

6 沼气发电厂

沼气被用来为发电厂的发动机提供动力，发动机产生的动能又被转换为电能。变电站中的变压器会把电压升高，然后电能被输入电网，继而输送到较远的用电区。

农田中的佼佼者

能源植物应该具备的特点是：能在短时间内积累大量的有机物质，并且易于种植和照料。有些植物能非常好地做到这一点，如甘蔗、玉米和高粱等。这些植物也被叫作"四碳植物"。四碳植物大都起源于热带地区，有着更强的抗旱能力和生存能力，光合作用的效率也更高。

能源玉米崛起

玉米是德国种植最广泛的能源植物。它对土壤没有特别的要求，产量高，特别适合用于发酵生产沼气。此外，农民还可以利用数百年的种植经验对玉米进行优化育种。近年来，德国沼气池数量大幅攀升，使得德国的能源玉米种植发展十分迅猛。如今，能源玉米的种植面积在德国玉米整体种植面积中占比超过三分之一。

玉米有什么缺点?

玉米非常适合单一化种植，也就是说，它可以作为农田中唯一的作物连续多年种植。但这对环境不利。从长远来看，单一化种植会导致土壤中的养分严重流失，然后必须通过人工施肥才能把养分补充回来。另外，人们为了避免害虫侵袭导致玉米减产，还会经常使用化学杀虫剂，这也会对环境产生不利影响。此外，玉米没有花蜜，因此很难吸引蜜蜂。除了近年来迅速增加的野猪外，玉米田也很难给其他动物提供食物和栖息空间。

原始玉米

玉米起源于一种名叫"大刍草"的野生草类。它通常颜色鲜艳，早在 6000 多年前的墨西哥地区就已有生长。

玉 米

玉米是世界上最古老的栽培植物之一。玉米能成功用作能源植物的主要原因是：玉米的收割相当简单，而且整个玉米植株，包括叶子和茎，都可以用来生产沼气。

高 粱

把高粱作为一种能源植物，还是近些年的事情。高粱原产于非洲，为四碳植物，它能特别快速地把太阳能转化为生物质能。为了能够给当地沼气发电厂供应高粱，人们需要培育适合该地区生长的品种。

油 菜

在德国，油菜是生产生物柴油最重要的能源植物。人们在收获油菜籽后，首先会对其进行研磨、压榨，然后通过化学处理把榨出的油加工成生物柴油，最后，这种生物柴油通常会与普通柴油混合后在加油站中出售。

菜籽粕

油菜籽榨油后剩下的残渣叫作菜籽粕，它可以被用作动物饲料。

小 麦

小麦在世界各地都有种植，它是继玉米和水稻之后最重要的粮食作物之一。小麦除了可以磨成面粉制作各种美食外，也可以用来生产生物燃料。

甜 菜

18世纪，一位德国科学家发现了甜菜根中含有蔗糖。通过精心培育，甜菜的含糖量已经可以达到20%。甜菜从此和甘蔗一样，也成为生产蔗糖的重要原料。而今天，甜菜和甘蔗都可以用来制作燃料乙醇，燃料乙醇能单独或者与汽油混合作为汽车的燃料。

巨芒草

巨芒草是亚洲两种禾本科植物的杂交物种，可长到4米高。由于它可以在贫瘠的土地上生长，不与粮食争耕地，且产量高，光合效率高，这种四碳植物现在被人们寄予厚望。

实现产量最大化

人类自从开始耕种，就一直试图通过育种来改良作物。直至今天，杂交和选种依然是基本的耕种原则。例如，长出大穗的谷物植株会与拥有强壮茎部的植株进行杂交，使其后代同时拥有这两种优良性状。为此，人们会用一株谷物的花对另一株谷物的花进行授粉，然后挑选出那些同时拥有大穗性状和强壮茎部性状的植株后代，并进一步扩大种植。

更快实现目标

育种受制于植物的自然繁殖节律。因此，要达到预期的效果有时可能需要 10 ~ 30 年。对于通常几年后才能开花、结籽的树木，育种就需要花费更长的时间了。现在，科学家们可以通过一种叫作"智慧育种"的方法来缩短这个过程。他们无须历经漫长等待，直至成熟植株出现预期所需的性状，而是可以通过直接分

孟德尔

孟德尔在 1865 年发表论文，提出遗传单位（现称基因）的概念，并阐明其遗传规律，后称"孟德尔定律"。

传统育种方式

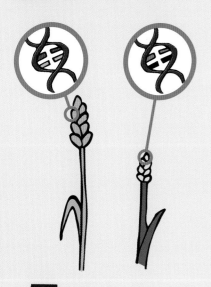

1 杂 交

基因决定了植物的性状，例如茎的硬度或穗的大小。通过将两株具有不同性状的谷物植株相互杂交，即在繁殖过程中让它们的基因重新组合，我们能把植株的性状重新组合，并培育新的品种。

2 子一代

每个子代植物来自双亲的基因数量是相等的。显性基因在遗传中占主导地位，所以它们所控制的性状能成功地被表现出来。因而在子一代中，表现出来的全部为亲本的显性性状。

3 挑 选

在子二代中，会显示出来自亲本的不同相对性状之间的自由组合。我们仅把具有所需性状的植株挑选出来，并进行下一步培育，以此来得到我们想要的能长出大穗并且茎部强壮的植株。

析植物的遗传物质，将优质基因集合在一起，培育出所需要的品种。

基因突变

有时，植物在自然环境中会发生自发性的基因突变。这样一来，它们后代的性状也会发生改变。有些基因突变所产生的性状正是人们所需要的。一些研究人员试图通过人为干预诱发植物的基因突变，从而根据需要选育出新的品种，这种方法被称为"诱变育种"。为此，人们会采用辐射或者化学诱变的方法使植物发生基因突变。

基因工程

即使诱变育种已经是非常现代的植物育种方法，但它的成功仍然是基于偶然的。许多科学家希望基因工程能够带来更有针对性的方法。1983 年，科学家首次成功地将外源基因导入烟草的基因组中。从那时起，人们陆续开发了大豆、玉米、棉花、油菜和甜菜等作物的转基因品种，并已在美国、阿根廷、巴西、印度、加拿大、西班牙等国家开展大规模种植。在德国，大多数人对基因工程仍持拒绝态度，尤其是在农业生产方面。自 2013 年以来，德国的农民一直坚持种植非转基因作物。尽管如此，实验室里的基因工程研究仍在继续，特别是在能源植物领域。

如何实现更高的产量？

在植物研究领域中，所有这些方法的目的通常都是增加收成，即实现更高的产量。但是实现的方法可能非常不同。为了能以更低的成本生产燃料乙醇，其中一种方法是用基因手段直接增加甘蔗的含糖量，巴西正在走这条研究道路。此外，我们也可以通过提升植物抗性的方法实现更高的产量，例如培育一种能更好地抵御寒冷的甜菜——这是德国研究人员目前正在尝试做的事情。耐寒的甜菜可以在秋季播种，这样在收获前就有更多的时间来储存糖分。

MON810

这是一种转基因玉米的名称，它是获批在欧盟种植的转基因作物之一。这种玉米会自然产生一种毒素，能杀死害虫玉米螟。2009 年，德国开始禁止种植这种转基因玉米。

为什么很多人拒绝基因工程？

大多数基因工程的反对者都担心对生物的基因进行改造会出现无法预见的后果，没有人知道当转基因植物进入自然界后会发生什么。例如，其他物种是否会被取代？是否会出现危险的基因突变？还有些人则是不希望出售转基因种子和相应杀虫剂的某些大公司垄断了农民的选择，使农民对这些公司的种子产生依赖。

虽然基因工程饱受争议，但对它的研究仍在继续。

世界上最古老的能源：木材

你试过站在露营的篝火旁吗？如果试过，那你肯定知道木材燃烧时会有多热，也就是释放出了多少热能。相比生长迅速的云杉或松树，生长缓慢的树种，如山毛榉等，它们在燃烧时能释放出更多的热量。因为这些木材具有更紧密的细胞结构，燃烧的速度更慢。此外，当木材充分干燥时，热值，即单位质量的燃料完全燃烧后产生的热量，会有所增加。

木 炭

我们还有其他方法能增加木材的热值。在大量开采化石能源之前，人们会把木材加工成木炭。木炭燃烧时没有火焰，但能产生持久而强烈的炭火。在过去，它主要用于炼铁，而在人们现在的日常生活中，木炭通常只用来烧烤。

用碎木屑供暖

现在，人们还会把碎木屑加工成铅笔粗细的木屑颗粒，用来燃烧取暖。在生物质取暖炉中，它们被一点点烧尽，几乎没有残留。与燃

知识加油站

▶ "可再生"这一概念最初来自林业，指的是保护性地利用森林资源，从而能够长久地维持森林生态系统稳定。今天，这个概念得到了更广泛的使用。

▶ 人们曾经认为，砍伐树木用来燃烧对生态是友好的。然而，只有在砍伐树木的速度慢于树木再生速度的情况下，这个观点才是正确的。重要的是，人们不能因砍伐树木而破坏宝贵的森林。

木 炭

在生产木炭时，制炭工人会将木材密集地堆放在一起，并用泥土覆盖，形成一个炭窑。木材会在至少400℃的炭窑中炭化数天，最后形成木炭。木炭的热值高于普通木材的热值。

炭窑

制炭工人

繁重的工作

伐木机是用于砍伐木材的机器，如今在林业生产中已越来越常见。伐木机的工作流程是：首先勾住树干，然后从根部锯断，再把树枝割掉，最后把木材放在一旁等待运输。

烧更大块的木材相比，这样排放出来的细尘和空气污染物更少。此外，这种方法对环境还有另一个好处：可以更好地利用废料！德国制造的木屑颗粒大都来自家具行业的锯木厂——真正实现了废物的回收利用。然而可惜的是，我们现在仍不能排除有些木屑颗粒的生产原料来自热带雨林中被砍伐的树木。

快速生长的杨树

通常来说，木材的缺点是生长速度非常缓慢。松树最快要 80 年才能砍伐利用，山毛榉甚至要 120 年。然而，如果从生物能源的角度出发，我们对木材的要求与对作为建筑材料的木材的要求不同。建筑材料要求生长良好的木材，而生物能源则着重于利用木材的生物质。

因此，农民正在种植一种"速生林"，在这里，树木像稻田里的稻子一样，紧密地生长在一起，几年就能收获一次。杨树、楸树、槐树等树种特别适合作为速生林木，因为它们的生长速度很快，砍伐后不久就能从树桩中冒出新芽。

速生杨树林

与其他种类的树木相比，杨树生长的速度更快，所以我们能更快地收获木材。

木材产生热能

木材以各种各样的形式被用作燃料。有的人直接从森林中伐木燃烧，有的人则是利用碎木屑，这样会更加环保。

→ 纪录

230 万吨

德国生物质供暖系统每年约消耗230 万吨木屑颗粒，它们取代了超过100 万升的燃油。

木块

木屑

木条

木屑颗粒

更高效地利用资源

树木的可利用价值非常高，不仅限于能源供应，在工业生产方面也大有可为。当树木不是作为能源，而是用于工业生产时，我们把它称为"经济作物"，也叫"工业原料作物"。我们可以用木头生产家具或纸张，现在甚至还能用木头制造生物基塑料！

合理利用副产品

即使作为可再生资源，树木也并不是取之不尽的，关键在于人们需合理利用，保持其可再生能力。木材既能作为燃料，又能用于制作家具和纸张，因此人们对木材的需求量很大，以至于可持续的林业经济难以满足如此巨大的需求，在一些国家甚至存在非法砍伐的现象。因此，欧洲有些专家呼吁：人们不应直接从森林砍伐树木用于燃烧，而应该更智慧地利用木材在工业生产中的副产品。例如，在锯木厂中，将木屑加工成木屑颗粒用于燃烧取暖。

最后才进炉燃烧

另一个想法是梯级利用。正如一些阶梯式瀑布，一级一级地从山上倾泻而下，木材的使用也应该经历不同的阶段，而燃烧则应该放在最后一步。例如，我们首先用木材制造家具，当木制家具破损毁坏，我们不想再使用这件家具时，再把旧家具拆解加工成刨花板，其中所含的纤维素还可以用于造纸。而来自造纸厂的废料最终会被压成木屑颗粒并燃烧。梯级利用和副产品利用这两种木材的使用方法也可以结合进行。

循环利用

如果每件产品最终都能回归到自然的生态循环中，那将是最好的结果。然而，这并不总能实现。因此我们需要尽可能地循环利用这些产品。循环利用的一个难点在于，当我们不再需要这些产品时，必须把它们妥善回收。另一

请坐！无论是由实木制成的高档家具，还是由刨花板制成的廉价橱柜，这些木质家具都是结实耐用的。

木质家具

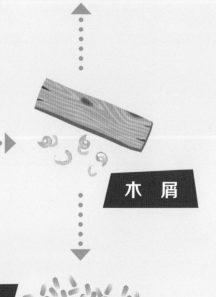
木 屑

木屑颗粒

原 木

锯木厂

这木屋一点都不简单！目前，木材比混凝土更受建筑师的追捧。世界上最高的木质摩天大楼在挪威，高 85 米，共有 18 层。

木材代替塑料：这些积木不是由塑料制成，而是由整块木头切割而成的。

木质自行车架不仅造型看起来十分别致，还有很好的减震性能。

木材的广泛用途

个难点则是，这些产品往往由多种材料组成，所以在回收之前，需要我们对这些材料进行拆解，并分别进行回收。例如，在利用废纸造纸时，我们需要对回收来的废纸进行脱墨处理。但付出的努力是值得的，利用废纸造纸不仅有助于减少原生林木采伐，还能减少污染物的产生：1 吨废纸可以替代 4 ~ 7 立方米的原生木材，废纸造纸过程中污染物的产生量不到原生植物制浆造纸过程的 50%。

➤ 你知道吗？

根据"从摇篮到摇篮"的可持续发展设计理念，在产品设计制造之初，人们就应考虑好后续的回收利用计划。其中需要特别注意的是：我们要确保产品能很容易地被拆解成单个组件，并且大多数材料是可生物降解的。

刨花板

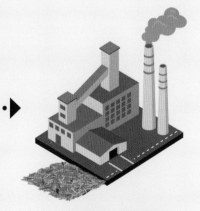

造纸厂

纸 张

木屑颗粒

梯级利用

木材的内在价值

➡ **你知道吗？**

现在，我们还可以用草来造纸。草含有的木质素非常少，价格便宜且生长迅速。以草为原料制造出的纸浆可以用来生产书写纸、印刷纸、包装纸和纸板等。

当木材进入工业生产领域时，了解如何使用它的单个化学成分变得越来越重要。植物中的能量主要以糖类等有机物的形式被储存下来。另外，还有纤维素和木质素，这些是植物细胞壁的主要结构成分。

回归根源：纤维素

木材中的纤维素目前主要用于造纸。此外，纤维素还可以发酵制成燃料乙醇。但其实，纤维素的用途还有很多：第一批合成塑料就是在纤维素的基础上研发而成的。纤维素塑料光泽度、透明度好，可以用来制作摄影胶片、绝缘材料和其他日用品。在使用石油生产塑料前，纤维素塑料是非常成功的发明。石油的出现，大大降低了塑料的生产成本。但是为了降低对气候的影响、减少对化石能源的消耗，人们现在又重新把目光投向了纤维素塑料。

木材如何变成纸？

为了制造纸张或纸板，我们一般首先会把木材削成木片，接下来根据不同产品的种类选择不同的加工方式。棕色纸板中含有大量木质素，而木质素正是纸张变黄的罪魁祸首。因此如果要制作精美的、不会返黄的印刷品，我们需要把木片和溶剂一起蒸煮，从而去除木质素。虽然这种纸仍由木材制成，但它已经不含木质素，只剩纤维素。之后，纤维素会与黏合剂混合成纸浆，被铺在网上；在除去纸浆中大部分液体后，再对纸浆进行干燥并用压光辊压光。

人造丝 T 恤

从木材中提取的纤维素还能用于生产人造丝，这件 T 恤便是由人造丝制成的。人造丝与传统的化学纤维不同，它完全由木材制成。并且，与生产棉质 T 恤相比，用人造丝生产 T 恤可在节省水的同时，减少二氧化碳的排放。

木质素含量低

木质素含量高

玻璃纸

你吃过用透明的玻璃纸包装的夹心巧克力吗？20 世纪中叶，这种由天然纤维素制成的食品包装得到广泛应用。纤维素来自可持续林业的废弃木材。这种玻璃纸也可以在花园堆肥中进行生物降解。

"赛场新人"：木质素

最近，有一种材料让研发者欢欣鼓舞，它就是木质素。它在细胞壁中的作用是增加机械强度，也就是能使植物保持坚硬。一般来说，植物的茎越粗大，所含的木质素就越多。例如，树木中的木质素含量最高可达 30%。直到今天，木质素仍被视作纸张生产中的麻烦。然而，几年前，两位德国发明家发现，木质素在高压条件下可以被液化。而当它重新硬化为固体时，它会变得非常坚硬，甚至可以用来制作汽车的刹车片！

液体木材

在全世界的造纸厂中，每年会产生约 5000 万吨木质素废料。目前，大部分木质素废料都被燃烧掉了。但有两位德国的发明家已经发现，将木质素废料与天然纤维结合可以生产出一种"液体木材"，用它可以制造出各种各样的产品，例如耳机。

咖啡渣与咖啡杯

这个非同寻常的杯子是由咖啡渣与木质素黏合制成的。这样，咖啡渣在冲泡后就找到被二次利用的机会了——为下一杯咖啡做杯子用。

知识加油站

▶ 一般木材的纤维素含量为40%~50%，而棉花的纤维素含量可达90%以上。

▶ 在过去50年中，全球的纸张消耗量几乎翻了3倍。

▶ 约有一半的树木被砍伐后用于生产纸张、纸板等。

大有作为：
用于工业原料的作物

虽然木材是最受欢迎的生物质资源，能在多方面使用，但它不是唯一的选择。在德国，玉米、油菜、向日葵和甜菜等作物也颇受欢迎，它们不仅是能源植物，还是经济作物，即用于工业原料的作物。

始终独占鳌头：石油

如今，日常生活中几乎所有产品里都藏着石油的痕迹。世界范围内已开采的石油中，约有三分之一被用来生产这些产品。但现在，生物质资源逐渐开始替代石油等化石资源成为工业生产的原料。在化学工业中，约有 13% 的原材料来源于植物。但是，植物中真正有价值的是什么呢？

一样的绿色

植物一直是工业界关注的焦点，因为它们含有糖、淀粉、油、蛋白质、纤维以及各类药物成分。然而，借助新技术和化学工艺，人们现在正在开拓许多以前无法想象的新应用领域。例如，用糖制成生物基塑料，或用植物纤维加固塑料制成各种建筑组件。对于用植物能制作出哪些新产品的探索，研究人员才刚刚起步。这样做的目标在于发展绿色经济，更多地使用可再生资源，减少对石油化工原料的依赖。

油菜籽

油菜籽可以制成生物润滑油，为电锯的链条进行润滑。如果不小心滴到森林的地面上，这种生物润滑油对环境的破坏更小。

葵花籽

葵花籽榨出的油可以用来生产速干涂料。

运行更顺畅

众所周知，菜籽油和葵花籽油可以用作烹调用油。除此之外，它们还能用于生产生物柴油。工业用油和润滑油是植物油在工业中的重要应用领域，它们能冷却发动机及减少机器部件之间的摩擦，从而延长机器的使用寿命。并且油漆和清漆所用的油也能从植物中提取。

甜菜显示屏

别担心，当你点击触摸屏幕时，手指并不会变得黏糊糊的——尽管显示屏是由甜菜制成的。

真甜！

把糖用化学加工的方法制成透明塑料，这种工艺是最近几年才有的。例如，我们可以给地板或工作台覆上一层这种塑料，使它们的表面变得光滑。此外，这种塑料甚至可以用来制作手机屏幕！与玻璃制的手机屏幕相比，它们更加不易破碎。

甜菜制成的糖

亚麻籽

亚麻籽除了可以食用之外，还可以用来生产染料、洗涤剂和化妆品。

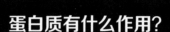

紫花苜蓿

羽扇豆

表面活性剂把一切变干净

令人难以置信的是，油竟然能清洁衣物！首先，洗涤剂中所含的表面活性剂会包裹在污垢颗粒上，然后再将它们溶解在水中。目前，表面活性剂主要由石油化工原料合成，但也可以从植物油，例如亚麻籽油中提取获得。

蛋白质有什么作用？

蛋白质是食物营养的重要成分。在化学工业中，它们主要用于制造黏合剂和塑料薄膜。大豆、豌豆、蚕豆和羽扇豆等植物中蛋白质含量较高，另外，三叶草和紫花苜蓿中也含有大量蛋白质。今天，人们正在测试一种新方法，在提取植物中的蛋白质的同时，还可以把它们加工成饲料或燃料。

亚　麻

在棉花传入欧洲之前，亚麻是最主要的纺织纤维。5000多年来，人们一直用亚麻纤维制作服装。今天，亚麻纤维又被开发出了新用途——用于房屋的隔热隔音。

大　豆

工业大麻

在世界上很多地方，大麻的种植都是被禁止的，因为大麻中含有一种毒性成分，会破坏人的中枢神经系统。今天，农民只被允许种植工业大麻，也就是毒性成分含量低的品种。

功能众多的纤维

纤维主要来源于植物的茎。它们可以纺成纱线，然后用来制作服装，有的甚至能用上数千年！与木质纤维的纤维素类似，它们也可以加工成纸。此外，植物纤维还可以与其他材料混合，以增强它们的强韧度。

塑料

尽管塑料的历史不过百年上下，但它已经成为我们日常生活中不可或缺的一部分。这一点不足为奇，因为几乎没有其他任何材料有这么强的可塑性和这么广泛的用途。塑料可以很轻，但其化学性质却很稳定；塑料可以像玻璃一样透明，却不会像玻璃一样易碎；塑料有很强的防水性，所以既可用来制作防水运动服，也可用来包装食品。和天然材料相比，塑料的性能往往更优，而生产成本通常却更低。

石油基塑料

然而，传统的塑料是由石油制成的，而石油终有一天是会被消耗殆尽的。此外，石油基塑料会造成严重的环境污染问题。如果不对石油基塑料进行妥善回收，它最终会进入垃圾填埋场。在那里，它降解的速度非常缓慢，或者根本不降解。通常情况下，塑料垃圾也会进入垃圾焚烧厂中燃烧。但是，这样做会排放大量二氧化碳及有毒气体，最后导致严重的生态气候问题。而由生物质资源制成的塑料则能够解决这个问题。这种塑料要么是可生物降解的，要么它在燃烧时只释放二氧化碳，对生态和气候影响较小。

不可思议！

一个 PE（聚乙烯）塑料袋需要 20 年才能被降解成微小颗粒。与 PET（聚对苯二甲酸乙二醇酯）塑料瓶相比，这速度已经很快了，因为 PET 塑料瓶降解需要的时间可能长达 450 年！

坚硬 →

柔软 →

聚氯乙烯（PVC）

特 性：质轻，稳定，耐腐蚀，不易燃烧

用 途：生产建筑和电子零件，如排水管、电缆绝缘层、玩具、雨衣等

聚氯乙烯是用途广泛的高分子化合物，它可通过添加塑化剂而呈现出不同的硬度。

防水 →

保暖 →

聚对苯二甲酸乙二醇酯（PET）

特 性：耐热，抗撕裂，电绝缘性好，防水

用 途：生产服装、可乐瓶、拉链等

聚对苯二甲酸乙二醇酯是不可生物降解的，但很容易回收利用。PET 在熔融后也可加工成纺织纤维。仅用 5 个 PET 塑料瓶就能为制作一件加大码的 T 恤衫提供足够的纺织纤维。

化学品容器 →

聚乙烯（PE）

特 性：与化学物品接触不溶解，不导电

用 途：生产薄膜、化学品容器、管道、绝缘材料、日用品等

聚乙烯是世界上使用最广泛的塑料之一。它有优良的耐低温性能，也耐化学腐蚀，还有优良的电绝缘性能。聚乙烯有各种不同的类型，每种的密度有所不同。

购物袋 →

塑料究竟是什么？

在日常生活中，我们把很多东西称为塑料，严格来说，它们是以合成的或天然的高分子化合物为主要成分，可在一定条件下塑化成型，成型后能保持形状不变的材料。从化学的角度来看，所有塑料都是高分子材料，它们的外语名字中几乎总是有一个"P"，中文翻译成"聚"。自然界中也有天然存在的聚合物，例如存在于生物体内的蛋白质等高分子。

聚合物是什么？

聚合物是一种非常大的分子。分子是构成物质的最小单位。例如，一个二氧化碳分子由一个碳原子和两个氧原子构成，而聚合物则是一种大得多的分子，它由许多小分子聚合而成。通过化学反应，使小分子连接起来形成一条长链，这个过程需要能量。植物是通过光合作用来做到这一点的。但是，我们也可以人工触发这种反应。

变化多端的聚合物

通过这种方式，人们在工业生产中创造出了许多大自然中不存在的人造材料。在大多数情况下，它们无法被再次分解为原来的天然原料。聚合物最重要的基础成分是由碳氢元素组成的单体，但是其他物质如氧、氮或氯也经常被加入单体中。而聚合物的特性则取决于单体的组合和排列。聚合物可以由单链组成，也可以有支链或交联结构。相应地，它们可能存在的形式和功能也会呈现多样性。

发泡塑料 ➤

聚苯乙烯泡沫（EPS）

别　名：发泡聚苯乙烯或泡沫塑料
特　性：耐化学腐蚀，易燃烧，保温性好
用　途：生产电绝缘材料、保温板、包装材料

如果聚苯乙烯不进行发泡加工，它是坚硬且透明的。聚苯乙烯是应用最广泛的塑料之一。

塑料勺 ➤

打开折叠 ◄

聚丙烯（PP）

特　性：耐磨，强度高，耐热
用　途：生产家用电器、体育用品、玩具、家具、汽车配件、包装

聚丙烯是由丙烯聚合而成的高分子化合物，它可以经常来回弯曲而不断裂。

聚甲基丙烯酸甲酯（PMMA）

别　名：有机玻璃或亚克力
特　性：质轻，透明，不易碎
用　途：作为玻璃替代材料

有机玻璃可用于要求透明度高，同时对安全性要求也很高的地方。

护目镜 ◄

聚酰胺（PA）

丝绸触感 ➤

别　名：尼龙
特　性：抗撕裂，耐磨
用　途：纺织纤维、塑料薄膜

聚酰胺线拉得越长，它就会变得越细越透明，同时也越来越稳定。

包装 艺术家

如今，石油基塑料带来的大量问题已经广为人知。在世界上很多地方，塑料吸管已被禁止使用。即便如此，我们未来也不太可能放弃塑料的便利性。因此，使用生物基塑料是使塑料更加环保的一种尝试。

生物基塑料是什么？

对于生物基塑料，重要的是要做如下两种区分，即仅基于生物质的生物基塑料和基于生物质且可生物降解的生物基塑料。所有以天然生物质为原料生产的塑料都被称为生物基塑料。与石油基塑料相比，生物基塑料不使用煤、石油等不可再生的材料为原料，能够节约资源，减少碳排放。但并非所有生物基塑料都能生物降解，例如，有些一次性餐具是由生物基聚乙烯制成的，但它是不可生物降解的，只能回收利用或直接焚烧。

热塑性淀粉

热塑性淀粉是最重要的生物基塑料之一，它来源于玉米或小麦等植物，很容易生物降解。然而，正因如此，它不太适合包装潮湿的食物。所以，我们经常需要向热塑性淀粉中添加别的材料，从而使它不那么容易降解。

可生物降解塑料

生物基聚乙烯

生物基聚乙烯是生物基塑料的一种，它以由甘蔗制成的生物乙醇为原料生产而成。生物基聚乙烯是不可生物降解的，但很容易回收利用。

生物基塑料

➡ 你知道吗？

即使包装上有可堆肥标记，也并不意味着我们可以直接把它扔在花园里天然降解。很多时候，这些包装材料需要在温暖潮湿的工业堆肥设施中才能降解。另外，时间也很重要。即使是生物基塑料制成的可堆肥垃圾袋也是如此。

可生物降解是什么意思?

在自然环境下,如果某种材料能被真菌和细菌等微生物分解成碳、氧、氢和矿物质等成分,那么这种材料就是可生物降解的。这个过程所需的时间长短不一。例如,土豆皮很快就能被生物降解,但一块木头则需要更长的时间,而大多数塑料几乎不会降解。其中的决定性因素是材料本身的结构。材料的结构与天然高分子的结构差异越大,就越难降解,所以并非每种生物基塑料都是可生物降解的。但相比于石油基塑料,生物基塑料仍然具有一些优势:它所需的原材料能再次生长。如果必须焚烧这种塑料,只要原材料是可持续种植的,就能抵消焚烧所产生的碳排放。

尚不完美

塑料可以由植物制成,这是一件很棒的事情。但不幸的是,纯天然生物基塑料通常不具备理想的产品特性。例如,由淀粉制成的塑料在与水接触时很容易溶解。这就是我们通常需要把传统的石油基塑料添加到生物基塑料中制成混合塑料的原因。而混合塑料中,石油材料相较于生物材料往往占据更大的比例!同时,大多数混合塑料是不可生物降解的,而且难以回收。一种解决方案是:只生产单一的生物基塑料,并确保它们在不能降解的情况下至少是可回收利用的。

地 膜

草莓地或蔬菜地的地表通常覆盖着地膜。这样,植物之间就不会长出杂草,而且还可以为植物的根部保暖保湿。如果地膜由可完全生物降解的生物降解塑料制成,农民就不必在收获季结束时把地膜收集起来,而可以直接简单地把它翻耕入土,这可真方便!

晶莹剔透的食品包装:聚乳酸(PLA)

乳酸菌能够把糖在生产过程产生的残余物转化为聚乳酸,聚乳酸可以制成可生物降解的塑料。通过改变聚合物链的结构,我们甚至可以控制生物降解塑料降解的速度!根据应用领域的不同,它可以降解得非常快,也可以永远不降解。例如,在建筑行业,耐用性非常重要;而在医疗技术领域则相反,聚乳酸制成的伤口缝合线不用专门拆线,而是能在一定时间后自行溶解。

晶莹剔透的聚乳酸塑料是食品包装的理想选择。然而,要作为食品包装,它们需要不再那么容易被生物降解。

多才多艺的淀粉

淀粉不仅仅是生物基塑料重要的原材料，在工业上它还长期被用作黏合剂。工业用淀粉是从马铃薯中提取的。在光合作用的过程中，马铃薯会吸收很多能量，并把其中一部分能量储存在淀粉中。淀粉是由许多葡萄糖分子缩合而成的多糖，是碳水化合物的一种。当我们吃马铃薯的时候，会通过这些碳水化合物吸收马铃薯的能量。当然我们也可以提取马铃薯中的淀粉，并做进一步加工。

新品大麦崭露头角

有一种植物最近才被发现有成为淀粉"供应商"的潜力——大麦。大麦非常适应德国的气候条件，但作为提取淀粉的原料，大麦目前还没有发挥出重要作用。这一状况可能会随着新品种的出现而改变，因为新品大麦的特性已经发生了巨大的变化，人们不必像之前一样，要费很大的劲才能把其中的淀粉分离出来，然后再加工处理。这一特点使这种新品大麦在工业生产中备受青睐，尤其是作为黏合剂的生产原料。

知识加油站

► 从结构上来说，淀粉可分为直链淀粉和支链淀粉。两者对我们的饮食同样重要。

► 在工业生产中，支链淀粉通常用于生产保湿剂、增稠剂等。直链淀粉则在保健品等领域拥有巨大应用前景。

马铃薯是德国最重要的工业淀粉"供应商"。在过去的30年里，马铃薯淀粉的产量增加了2倍。

在被用作淀粉原料方面，大麦还是一位新秀。培育出新品种后，大麦在供应淀粉上可能很快就会发挥出更重要的作用。

不可思议！

当我们把马铃薯切成薯条或薯片时，适当加入一些水。然后，马铃薯淀粉就会沉淀在水底。发明家们找到了一种用这些马铃薯淀粉制造生物基塑料的方法，真是绝妙！

自制
马铃薯淀粉薄膜

你需要以下材料：

- 一个中等大小的平底锅
- 一个带柄的小平底锅
- 厨房电子秤
- 一个小量杯
- 水
- 从超市购买的马铃薯淀粉（或其他淀粉）
- 甘油 (85%)，可从药店购买
- 一张透明薄膜
- 一把尺子
- 食用色素

在 2013 年图林根州举行的德国青少年科研竞赛上，这些年轻的研究人员凭借他们的淀粉薄膜赢得了化学领域的冠军。他们获得了"可持续发展奖"。

步骤如下：

1 在家长陪同下，将 10 毫升甘油与 10 毫升水混合，甘油会溶于水。小心地将混合溶液和 100 毫升水倒入带柄的小平底锅中。称 15 克淀粉加入锅中。

2 在另一个平底锅中装满水并煮沸。将小平底锅放入热水中。用水浴的方式把混合物加热 10 分钟左右，在这过程中不断地进行搅拌。注意不要烫伤！

3 现在把一大汤匙的凝胶状物质放在透明薄膜上。用尺子将它们尽可能均匀地摊开，厚度约 1 毫米。

4 将透明薄膜放入最高温度不超过 50℃的烤箱中。如果温度过高，它会熔化！让凝胶在烤箱中干燥至少 1 个小时，然后你就可以小心地把淀粉薄膜从透明薄膜上撕下来了。

提示：如果你想制作彩色淀粉薄膜，那么可以在水浴加热前加入几滴食用色素。

热带瑰宝

赤 道

在经济作物中，有不少是原产于热带地区的。这一点不足为奇，因为如果植物要作为经济作物受到欢迎，除了自身具备优良特性之外，它们还要具备高产且种植成本低廉的特性。热带地区有着温暖潮湿的环境，那里的一些植物正好能满足这些要求。

油脂"供应商"：棕榈油

棕榈油是一种特别实惠的油。超市中近一半的产品里都有它的影子——从巧克力到冷冻比萨，再到洗发水和口红。此外，棕榈油还制造了40%的生物柴油。自1990年以来，全球油棕树的种植面积增加了两倍多，而油菜的种植面积则有所下降。最大的油棕树种植区在印度尼西亚和马来西亚。为了种植油棕树，那里有大面积的热带雨林遭到砍伐。但是，与其他油料作物相比，生产同样多的油，油棕树所需的种植面积较小，因此我们也不必为了保护自然环境而用其他油料作物完全替代油棕树。只有当我们减少资源的消耗量，才能真正对大自然有所帮助。

热带地区

热带地区是赤道附近的炎热潮湿区域。热带地区全年气温较高，四季变化不明显，因此植物的生长一直很繁盛。

→ 纪录

3 吨

每公顷油棕树的产油量能超过3吨！这是油菜和向日葵无法超越的纪录，它们的平均产量只有油棕树的五分之一。

棕榈油主要是从棕榈果中提取获得的。棕榈果的果核和果肉都有利用价值。

在德国的化学工业中，超过三分之二的棕榈油被用于生产蜡烛。

油棕树种植园面积巨大，但不幸的是，通常是以破坏雨林为代价。

油棕树

人们通常把竹子与三聚氰胺和其他石油基塑料混合，从而制作出各种餐具。这种餐具稳定性高，但不能生物降解。

仅在德国，每年出售的牙刷数量就高达1.9亿把。这些牙刷会产生超过2000吨的塑料废弃物。现在有人发明了竹柄牙刷，还用生物基塑料制成了牙刷的刷毛。

竹 碗

竹 子

无与伦比的生长速度

一些竹子能长到40米高。竹子不属于树木，而是禾本植物。所以，这种植物与玉米及大麦有更近的亲缘关系，与橡树及山毛榉的关系则更加疏远。竹子的茎是中空的，但它极其稳定，这点与木材的特性类似。然而，竹子的生长速度更快——每天甚至能长高1米！竹子通常在3~5年后便可收获。作为一种生物质资源，竹子不仅可以用作建筑材料，也可以用于制作卫生纸和T恤衫。

甘蔗——甜蜜无穷

甘蔗和竹子一样，属于禾本植物，它能高效地进行光合作用。顾名思义，甘蔗主要用于生产蔗糖。蔗糖不仅是重要的食品和调味品，还是化学工业的重要原料。首先，蔗糖通常会被发酵制成生物乙醇。生物乙醇能与其他石油制品混合作为汽车燃料，或进一步被加工为其他产品，例如塑料。如今，巴西是全球最大的甘蔗生产商。其他重要的种植国是印度、中国、泰国、澳大利亚和美国。用甘蔗生产生物乙醇对气候也有不利影响，因为在甘蔗收获之前，人们经常焚烧田地，以此去掉甘蔗的叶子，以便收获甘蔗的茎部。

棉花及其他纤维作物

棉花仍然是世界上最重要的纤维作物。棉花是棉籽上的植物纤维，它蓬松的形态有利于借助风来传播种子。棉花主要用于纺织业，此外，棉花还能用于提取纤维素。在棉花生长的热带和亚热带地区，还生长着很多其他的植物，它们能提供高强纤维——从黄麻和椰子树，到一些不太为人所知的植物，如木棉、龙舌兰麻、大麻槿等。

棉 花

棉花的栽培需要温暖的气候和大量的水。

甘 蔗

平均而言，每公顷土地能收获大约85吨甘蔗，这些甘蔗能生产出大约13吨蔗糖或7100升生物乙醇。

轻轻划开表皮

栓皮栎

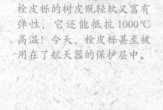

栓皮栎的树皮既轻软又富有弹性，它还能抵抗 1000℃ 高温！今天，栓皮栎甚至被用在了航天器的保护层中。

有些植物甚至不需要整棵收割下来才能加工，我们只需轻轻划开表皮，就能不断地从中获取有价值的物质。

天然橡胶

在 16 世纪，欧洲人从南美洲带回了天然橡胶，但他们遇到了一个问题：天然橡胶遇热变黏，遇冷变脆。直至 19 世纪，查尔斯·古德伊尔发现，天然橡胶在与硫黄粉混合加热后，会变得富有弹性，由此发明了后来被广泛使用的硫化橡胶。由于这种硫化的新方法，社会上掀起了一股橡胶热潮。尤其是在不久之后，人们发明了汽车，并开始使用橡胶轮胎。后来，由于出现了由石油制成的橡胶，天然橡胶轮胎的需求急剧下降。然而，即使在今天，冬季使用的轮胎仍然主要由天然橡胶制成，因为在寒冷低温的天气下，天然橡胶制成的轮胎制动性能更好。

栓皮栎

你知道酒瓶里的软木塞吗？或许你房间里也有一个软木做的挂板？它们基本都是由栓皮栎的树皮制成的。栓皮栎主要生长在西班牙和葡萄牙，寿命长达 300 年，其厚厚的树皮可以保护自己免受高温和森林火灾的侵害。我们可以每 8 ~ 14 年收获一次树皮，这样就不会损坏树木，因为它会不断生长，产生新的树皮！

树脂有什么用处?

咀嚼石油可不是个好主意，但大多数口香糖中的许多成分都是由石油制成的。能使口香糖弹性十足的物质是由石油制成的聚合物。现在，有一种树脂制品能取而代之。树脂是树木在树皮受伤后流出的一种黏性液体，能帮助它愈合伤口。涂料和油漆就是在天然树脂的基础上生产加工而成的。在过去，人们也用树脂来密封船只和桶。当时，许多伐木工人会将树脂放在嘴里咀嚼，据说这样能帮助他们护理牙齿，最初的口香糖便是这样诞生的。今天，用树脂制成的口香糖味道明显要好得多。

天然橡胶

当我们轻轻刮破橡胶树的树皮时，乳白色的橡浆（也叫作"胶乳"）就会缓缓流出。胶农会在树上挂一个小碗专门用于收集橡胶。经化学处理后，天然橡胶可以用来制作橡胶手套等。

树脂

只要使用正确的配方，我们就可以把树脂制成口香糖。

植物中还藏着什么？

泥炭藓

泥炭藓生长在高沼地中，像海绵一样吸收水分。当它枯萎死亡后，遗体会慢慢堆积形成泥炭。

泥 炭 ▶

植物把大部分能量用于制造糖类和纤维素等有机物，这些有机物对植物的生存和成长尤其重要。此外，植物还会产生所谓的次生物质，即不参与基础代谢和植物生长发育的物质。其中有吸引传粉昆虫的芳香物质，即芳香油。还有用来抵御毛虫和甲虫等害虫的毒素，它们经常作为活性药物成分或工业化学品受到工业生产的青睐。

有用的橄榄树

最近，研究人员发现可以从橄榄树叶子中提取有用的化学成分，生产天然鞣剂，用以鞣制皮革，使其柔韧耐用。这样一来，人们就可以弃用那些带有毒性且污染环境的人造鞣剂，还能减少二氧化碳的排放。因为在收获季节，橄榄树叶子通常都是被当作垃圾处理的，农民往往会直接把橄榄树叶子烧掉。

茁壮生长的草

在工业生产中，草也正慢慢受到人们的关注。因为草的生命力很顽强，即使在不宜种植农作物的地区，草也能茁壮生长。干草可以与再生塑料混合，制成一种合成塑料。这种合成塑料可以部分代替木材，制成铺在过道上的地板。

直接利用泥炭藓

泥炭曾经被用作燃料。这种褐色物质通常出现在高沼地，泥炭藓在那里密布丛生。泥炭藓上部会不断生长，而底部则逐渐死亡，最终堆积成泥炭。我们可以在接近地表的地方开采泥炭，但这样会破坏珍稀动物赖以生存的湿地，二氧化碳也会随之逸出，对气候产生不利影响。研究人员现在提出了一个想法：我们不必等待泥炭藓慢慢变成泥炭，而是直接采摘新鲜的泥炭藓，并加以利用。然而，到目前为止，泥炭藓的产量一直很低，每3年只能割几厘米。因此，我们的下一个目标是培植产量更高的泥炭藓。

高沼地是松鸡等野生动物的栖息地。

草

我们也能用草来制造一些用于书写的纸，或者坚固的纸箱，这样可以节省宝贵的木材。在互联网购物和快递如此发达的时代，找到更环保的纸箱生产材料显得尤为重要。

橄 榄

橄榄树的叶子可用于生产天然鞣剂。

飞速发展的 植物材料

现在已经有许多产品是用植物材料制成的，那么我们也能用植物材料来制造汽车吗？德国的一个四驱赛车团队已经着手寻找这个问题的答案。自 2003 年以来，该团队一直使用所谓的"环保概念车"参加比赛。他们正与研究人员、汽车公司合作，测试由植物材料制成的生物燃料和汽车组件。

合成塑料的耐久性测试

位于德国埃菲尔地区的纽博格林北环赛道，被认为是世界上难度最高的赛车路段之一。在 24 小时比赛中，这辆环保概念车绕了赛道一圈又一圈。如果这辆环保概念车能经受住这个赛道的考验，那它就能在普通的道路上正常投入使用了！比赛结束后，人们把车辆拆开，查看赛车各个部位承受压力的程度。结果证明：用天然纤维（如麻纤维）加固过的合成塑料比之前使用玻璃纤维和碳纤维的更轻、更坚固。所以，如果我们想制造出轻型汽车，植物纤维无疑拥有巨大的潜力。未来，减轻车身重量将变得越来越重要，尤其在电动汽车领域。此外，在汽车制造中使用植物材料的方法并未穷尽，我们还有很多新颖的想法！

蓖麻

汽车座椅

坐在由生物泡沫塑料生产的座椅上会感觉特别舒适。这种泡沫塑料是以蓖麻油为主要原料制成的。这将成为植物原料在汽车领域中的另一种运用方式。

生物涂料

在未来，赛车可以贴上彩色生物膜覆盖车身，从而代替石油基涂料。

一路顺滑

用生物润滑油来润滑汽车的发动机和变速箱，这样会大大减少二氧化碳的排放。

油箱中的"糖"

在汽油中混入 20% 源自糖料作物的生物乙醇，这一做法能减少二氧化碳的排放和粉尘颗粒的形成，同时能产生更多的动力。

工业大麻

实力强劲的大自然

赛车的车门轻巧而稳定——这要归功于利用麻纤维生产出的生物基塑料。

不可思议！

研究人员已经成功地从俄罗斯蒲公英（又称橡胶草）的根部提取出天然橡胶。这种天然橡胶能用来制造汽车的轮胎，并已开始在公路上进行测试！

你知道吗？

生物基塑料不仅可以用在车身，从汽车内部的配件到必须承受高温的发动机轮内挡板，都有生物基塑料的身影。

源自植物的早期汽车

用生物基塑料制造汽车的想法并不是什么新鲜事。早在 1941 年，汽车制造商福特汽车公司就发明了一款汽车，其车身由大豆淀粉和麻纤维制成。曾经在德国非常出名的"特拉贝特"汽车，它的车身也不是由金属制成的，而是由棉花纤维和树脂混合而成。

"特拉贝特"汽车

绿藻

在德国萨克森－安哈特州的克勒策，有一家生物精炼厂大量种植绿藻，并以绿藻为原料制造化妆品以及鱼饲料。在这里，供藻类生长的管道长达500千米！

新的研究领域

如今，生物质资源已经运用到各行各业，尤其在生物能源领域更是大放异彩。科研工作者正在研究它未来的发展路径，以及如何更全面、更高效地利用生物质资源。

基因剪刀

世界各地的研究人员都在努力改进能源植物，以达到在有限的土地上获取尽可能多的能源的目标。目前，基因编辑技术得到快速发展。美国科学家开发了一种新的革命性方法，即CRISPR-Cas9基因编辑技术，有时也被称为"基因剪刀"。通过这种技术，我们能比以往更容易地从植物基因组中切出单个片段，并用其他基因取而代之。

从垃圾到可回收材料

其他专家则认为，在未来，利用废弃物中的生物质生产能源的做法将会越来越普遍，而专门为生产能源而种植能源植物的做法则会越来越少。随着石油储量的减少，植物作为工业生产原料的这一用途将会越来越受关注。这意味着，从长远来看，经济作物可能会变得比能源植物更重要，因而会减少种植能源植物。

实验室中的光合作用

通过利用菠菜的细胞材料，研究人员已经成功实现了人工光合作用。现在，他们正努力优化方法。

小而强大！

目前，研究人员正在对浮萍进行实验，试图通过基因编辑技术，使浮萍能生产出用于药物的活性成分。另外，这项技术也可以用于其他植物。

浮萍

知识加油站

▶ 植物通过光合作用把太阳能转化为化学能，储存在所形成的糖类等有机物中。

▶ 研究人员寄希望于"生物反应器"，以实现更高的产量，这种生物反应器是由人工光合作用细胞组成的。

生物炼油厂使用的主要原料是木屑、秸秆和草，人们也会考虑使用其他植物和工业废弃物。

菠菜生物反应器

当谈及如何满足未来大量的能源需求时，一些科学家在人工模拟植物进行光合作用中看到了巨大的机遇。这样的想法早在一百年前就诞生了！今天，"基因剪刀"技术在这一领域也是很有助益的。借助"基因剪刀"技术，人们可以设计并剪接合适的基因片段，使其能更高效地进行光合作用。试管中进行的菠菜细胞实验已经取得初步成功。这种生物反应器不仅能将太阳能直接转化为糖类，还能有针对性地生产出活性药物成分和其他化学成分。

第二代生物燃料

"生物质液体燃料"（BtL 燃料）指的是直接从植物性生物质转化而成的液体燃料，也就是说，人们绕开了发酵制成燃料乙醇这条颇为耗时的弯路。这种生物质液体燃料被视为第二代生物燃料。它们主要以秸秆等为原料，这样一来，人们就能避免将粮食拿来作为能源植物使用。在高温高压的条件下，生物质会被气化。然而，这种方法成本相当高昂，以至于难以盈利。此外，气化过程能耗巨大，所以对改善气候的作用也十分有限。

生物质能源厂

在生物质能源厂中，植物性生物质得到更全面多样的应用。这些生物质能源厂的功能类似于今天的炼油厂。在炼油厂中，石油在高能耗下被加工，生产出不同的石油产品。在此过程中，还会产生许多副产品。整个化学和制药工业都以这些副产品为基础。未来，石油可能会被植物取代。

但迄今为止，生物质的加工成本仍然比石油的加工成本更高昂。大多数生物质能源厂还处在探索阶段，仍需对工艺等进行优化。为了从生物质中生产能源，除了使用高温高压的方法外，人们也在试验其他方法，例如使用溶剂、转基因技术、细菌及酶等。

生物质能源厂把生物质分解成各种化学品的基本成分，然后在工业生产中进一步加工处理。

机会与风险

人类不得不去寻找石油化工原料的替代品——不仅是因为要保护气候，还因为石油、煤炭等化工原料并非无穷无尽、取之不竭。开发生物质资源是朝这个方向迈出的重要一步。此外，这也为农村地区带来了新活力：农业的重要性再次得到提升，农民也迎来了新的商机。

油箱还是餐桌？

然而，这恰恰是批判者认为的危险所在之处。经济作物、能源植物的种植面积需求日益增长，与粮食作物的种植空间形成了竞争。这一点在 2006 年开始的全球"粮食战争"上得以体现。当时，世界市场上的玉米价格暴涨。这并不是因为自然灾害导致全球玉米减产，而是因为一些国家大量使用玉米来生产燃料乙醇，再加上"国际炒家"进一步将玉米价格推高，导致在一些以玉米为主食的国家，人们甚至无法负担日常饮食的花费。而这其中，穷人更是深受其害。

更多的单一化种植？

随着世界人口的不断增长，土地竞争将变得更加激烈。应对这个问题的其中一个方法是，从有限的农用土地中获得更高的粮食产量。然而，这意味着更大面积的单一化种植、更大面积的机器耕种，以及更多地使用化学肥料和化学除草剂、杀虫剂。此外，许多批判者还担心基因编辑技术可能会被贸然地大规模运用到粮食生产领域。

有机不等于环保

不幸的是，无论广告商如何宣传，用生物质资源生产的产品也并不都是环保的。如果生物基塑料不可堆肥降解，那么它们也会与石油基塑料一样产生大量垃圾。如果种植能源植物过程中所产生的碳排放量，多于用这种植物生产能源所减少的碳排放量，那么生物能源也会

农用林业

这种种植理念指的是把林业与农业相结合，也就是将农作物与高大乔木交互种植。一排排的树木能防止土壤因为刮风下雨而流失，同时也能为中间种植的农作物创造出潮湿、阴凉的生长环境。此外，这样还能给各种动物提供栖息地。

曾经栖息在田间地头的鸟类，如凤头麦鸡，现在却由于大面积单一化种植而失去了栖息地。如果农民能在广阔的种植地中留出小片田地，生活在地上的鸟类便会重新在此安家。

我无家可归了。

海滨锦葵

菊 芋

新兴能源植物

　　海滨锦葵和菊芋都原产于北美洲，也都是开花植物。这两种植物与玉米不同，它们可以为昆虫提供食物。因此，研究人员希望通过育种，在德国的气候条件下实现更高的产量。

小麦

对气候带来不利的影响。例如，人们为种植能源植物而大量使用化肥，或是为开发新的种植区而破坏森林或沼泽等二氧化碳储存库，这种做法就得不偿失了。

应当深思熟虑！

　　因此，在评估生物质资源时，需要进行认真的考察。例如，若要为棕榈油办理可持续性认证，那么必须要能证明，在种植棕榈树以生产这些棕榈油时，没有破坏任何热带雨林。

　　另外，只有满足了特定的可持续性要求，德国联邦政府才会为建设沼气发电厂提供资金支持。与化石能源相比，生物能源必须最低减少 50% 的大气保温气体排放。此外，能源植物的种植将因为新理念而变得对环境更加友好。例如，在两次玉米的收获期之间，农民还可以种植芥菜或羽扇豆等其他植物，或者直接在玉米植株间播种无害的药草。这将对生活在田地间的昆虫和其他动物大有裨益。玉米收获后，药草还能直接送去沼气发电厂发酵。

结局好，一切都好？

　　要想实现真正可持续的经济发展，我们不仅要更多地尝试用生物质资源替代化石能源，还必须要保证其生产过程也是对生态友好的。我们对资源的利用方式也应更加高效。此外，将节约能源和减少消耗的理念贯彻到日常生活中也是很重要的，例如随手关闭电源，减少产生包装垃圾，延长衣物使用时间等。因为能节约资源的一切事情——无论是节约化石能源还是生物质资源——都有助于保护环境和气候。

▶ 你知道吗？

　　据估计，到 2030 年，全球农业用地必须扩大 13%，才能满足世界上不断增加的人口的粮食需求。如果经济作物、能源植物的种植面积增加，土地的竞争就会更加激烈。

名词解释

油菜能用于生产菜籽油，然后可以进一步被加工成生物柴油。

生物柴油：由可再生的动植物油脂或废弃食用油为原料制成的燃料。

生物能源：也叫"生物质能"，生物直接或间接提供的各种能源或动力。

燃料乙醇：也叫"生物乙醇"，以生物质为原料发酵产生的乙醇，可单独使用或与汽油混合使用作为汽车的燃料。

沼 气：由植物残体在与空气隔绝的条件下经自然分解而成的可燃性气体。主要成分为甲烷。

生物降解：存在于环境中的污染物质经环境微生物的生物作用分解为对环境无害的化学物的过程。

生物质：树木、农作物、草、水生植物（包括藻类）、粪便等有机物质的总称。

生物基塑料：生产原料全部或部分来源于生物质的塑料。

可再生资源：通过天然作用或人工经营，能被人类反复利用的各种自然资源，如生物、水、土壤等资源。

能源植物：也叫"能源作物"，以提供生物燃料为目的而种植的植物。

发 酵：泛指培养微生物，并利用它们制造所需要产品的过程。可在无氧或有氧条件下进行。

化石能源：古代生物遗体在特定地质条件下形成的，可作燃料和化工原料的沉积矿产。包括煤、油页岩、石油、天然气等。

光合作用：植物利用太阳能，将二氧化碳和水转化为有机物质并释放氧气的过程。

经济作物：也叫"工业原料作物"，主要用于工业生产，经济价值较高。

梯级利用：通过对残留物的回收和处理，在多个阶段对原材料充分加以利用。

二氧化碳：一种碳氧化合物，存在于空气中，属于大气保温气体。

有机物：全称"有机化合物"，含碳化合物（一氧化碳、二氧化碳等简单的含碳化合物除外）的总称，它是生命产生的基础。

循环利用：将生产过程中产生的残余物来制作新产品。

木质素：木材的组成部分，存在于木质部细胞壁内，能增加木材机械强度。

甲 烷：一种无色无味的可燃气体，它会出现在牛胃中，也可以在沼气池中产生，具有很强的大气保温效应。

微生物：真菌、细菌、病毒、原生动物及单细胞藻类等。

分 子：物质中能够独立存在并保持该物质所有化学特性的最小微粒，单质的分子由相同元素的原子组成。

单一化种植：在一片田地上只种植同一种作物。

可持续发展：在保持经济增长的条件下，统筹兼顾自然资源保护和生态环境保护，既满足当代人的需要，又不损害后代人满足其需要的能力。

木屑颗粒：用锯末等木材废料加工而成的圆柱状小颗粒，可用作生物质燃料。

循环利用：指收集不再使用的废品，将其变为可再利用的材料。

大气保温效应：俗称"温室效应"，大气允许太阳短波辐射透入大气层，并阻止地面和低层大气长波辐射逸出大气层，从而使地面附近大气温度保持较高水平的效应。

大气保温气体：俗称"温室气体"，它们自然存在于大气中，可使太阳短波辐射透入大气层，并阻止地面和低层大气长波辐射逸出大气层。目前人类活动排放的大气保温气体越来越多，会促使气候增暖。

纤维素：植物细胞壁的主要成分，对植物体有支持和保护作用。

亲 本：参与杂交的雌雄双方的总称。参与杂交的雄性个体称"父本"，雌性个体称"母本"。

NACHWACHSENDE ROHSTOFFE Mit Pflanzen-Power in die Zukunft

By Alexandra Werdes

© 2020 TESSLOFF VERLAG, Nuremberg, Germany, www.tessloff.com

© 2023 Dolphin Media, Ltd., Wuhan, P.R. China

for this edition in the simplified Chinese language

图书在版编目（CIP）数据

生物质资源 /（德）雅丽珊德拉·韦德斯著；马佳欣，梁进杰译. — 武汉：长江少年儿童出版社，2023.4

（德国少年儿童百科知识全书：珍藏版）

ISBN 978-7-5721-3763-1

Ⅰ．①生… Ⅱ．①雅… ②马… ③梁… Ⅲ．①生物能源－能源利用－少儿读物 Ⅳ．①TK6-49

中国国家版本馆CIP数据核字(2023)第022974号

著作权合同登记号：图字 17-2023-025

SHENGWUZHI ZIYUAN

生物质资源

[德] 雅丽珊德拉·韦德斯 / 著　马佳欣　梁进杰 / 译

责任编辑 / 蒋　玲　张梦可

装帧设计 / 管　装　美术编辑 / 潘　虹

出版发行 / 长江少年儿童出版社

经　　销 / 全国新华书店

印　　刷 / 鹤山雅图仕印刷有限公司

开　　本 / 889×1194　1 / 16

印　　张 / 3.5

印　　次 / 2023年4月第1版，2024年4月第5次印刷

书　　号 / ISBN 978-7-5721-3763-1

定　　价 / 35.00元

策　　划 / 海豚传媒股份有限公司

网　　址 / www.dolphinmedia.cn　　邮　箱 / dolphinmedia@vip.163.com

阅读咨询热线 / 027-87677285　　销售热线 / 027-87396603

海豚传媒常年法律顾问 / 上海市锦天城（武汉）律师事务所　张超　林思贵　18607186981

船的故事
从诺亚方舟讲述航海起源

飞机的秘密
人类飞行的梦想

火山探秘
来自地底的火焰

七大奇迹
上古时期的宝藏

汽车世界
精彩的汽车发展史

鲨鱼家族
海洋里的敏锐猎手

百变天气
阳光、风和暴雨

穿越大自然
探究保护

鲸和海豚
海洋里的哺乳动物

恐龙王国
永远消失的地球霸主

矿物与岩石
闪闪发亮的宝藏

爬行与两栖动物
壁虎、蜥蜴和巨蜥

大自然的力量
难以估量的威力

改变世界的电
高电压与超导体

各种各样的鱼
水下的奇妙世界

猫的家族
狗有着似虎爪的秘密助手

奇境森林
动物和植物的天堂

忠诚的狗
四只爪子的朋友

浩瀚宇宙
宇宙的秘密

狼的故事
走进荒野潜伏着的领地

蚂蚁和白蚁
了不起的建筑师

美丽的蝴蝶
色彩斑斓的自然瑰宝

蜜蜂和胡蜂
美味的蜂蜜与可怕的蜇针

潜水的魅力
潜入水下的迷人世界

古老的希腊文明
神秘、英雄和诗人

古罗马生活
古罗马城的社会百态

欧洲风情
人口、国家和文化

骑士时代
城堡、比武大会和贵族女性

舞动的音符
走进音乐的奇妙世界

古老的城堡
中世纪的见证

熊的秘密生活
棕熊、大熊猫、北极熊

化石档案
生命的奇迹

奇妙的昆虫
六条腿的生存艺术家

极地世界
生活在冰雪王国

神秘的蜘蛛
丝线上的猎手

大象王国
温和的"巨人"

海底宝藏
沉没的宝藏

海洋之谜
海洋研究与保护

火星登陆
红色星球定居计划

忙碌的农场
动物、植物与农业机械

时尚魅影
时尚的古与今

全球气候
冰期和气候变化